우리 아이
첫 인문학 사전

엄마랑 아이랑 나란히 앉아 읽는

우리 아이
첫 인문학 사전

김종원 지음

청림Life

아이 안의 무한한 가능성을 꺼내는
인문학 단어를 소개합니다

"우리 아이는 아무런 걱정하지 않아.
<u>스스</u>로 무엇이든 척척 야무지게 잘하니까."

모든 부모님이 바라는 아이의 모습이죠.
내 아이가 누가 봐도 야무지게 잘 자란 아이로 보이면 좋겠고,
모든 사람에게 사랑받고 자라기를 바랄 것입니다.
자, 어떻게 해야 아이에게 그런 삶을 선물할 수 있을까요?
지금부터 책에서 소개할 인문학 단어에 그 답이 있습니다.
저는 지난 30년 동안 인문학을 연구하며,
우리가 배우고 있는 인문학이 최종적으로 닿아야 할 길이
'소중한 사람에게 예쁜 말을 들려주는 것'이라는
아주 중요한 사실을 깨달았습니다.
많은 부모님의 말씀이 들리는 것 같네요.

"말이야 쉽지만 그게 얼마나 어렵고 힘든 일인데요."

맞습니다.
자신의 마음을 말로 표현하는 건 정말 어려운 일입니다.
게다가 늘 좋은 마음을 유지하며
타인에게 건네는 말에 불필요한 감정을 섞지 않는 건,
수준 높은 '지성'이 필요한 일이죠.
중요한 건 지성입니다.
무엇이든 아름답게 바라보고,
언제나 예의 바르게 행동하고,
때로는 누구보다 다정하고,
집중할 땐 치열하게 하나에 몰두할 수 있는 아이에게는
다른 아이에게는 없는 '지성'이 있습니다.

이 책에 등장하는 인문학 단어는
우리 아이에게 '지성'을 전파하기 위해 만들어졌습니다.
이미 지난 수천 년 동안 명문가의 아이들이
그들의 부모에게 배운 것이기도 합니다.

이 책을 통해 새롭게 단어를 이해하고, 생각하고, 낭독하면서
아이의 세계는 짐작하지 못할 정도로 넓어집니다.
새로운 단어를 하나 배운다는 것은
아이 내면에 또 하나의 세계가 탄생하는 것을
의미하기 때문이지요.

30개의 단어로 아이가 앞으로 만날 세상은
30배 이상 깊어지고 넓어집니다.

매일 생각하고 낭독하는 것만으로도,

아이가 만날 30일 후의 세계는

상상도 못할 정도로 근사해질 것입니다.

여러분은 그저 그 삶을 아이에게 허락하면 됩니다.

지금 시작하세요.

부모의 시작이 곧 아이의 기적입니다.

김종원

프롤로그　　　아이 안의 무한한 가능성을 꺼내는
　　　　　　　　인문학 단어를 소개합니다　　　4

1.
슬기로운
생각을 키우는
인문학 단어

지혜롭게 말하기　　　　　　14

쏠모 찾기　　　　　　　　　18

가능성 열기　　　　　　　　22

좋은 마음 갖기　　　　　　　26

생각하며 책 읽기　　　　　　30

내가 먼저 믿어 주기　　　　　34

미루지 않기　　　　　　　　38

2.
긍정적인 마음을
뿌리내리는
인문학 단어

끝까지 마무리를 짓기　　　44

더 깊이 이해하기　　　48

멋지게 인내하기　　　52

나쁜 평가에서 벗어나기　　　56

적당한 때를 기다리기　　　60

행복하게 소유하기　　　64

진실로 공감하기　　　68

현명하게 실수하기　　　72

3.
훌륭한 태도를
만드는
인문학 단어

환하게 사랑하기   78

아름답게 공존하기   82

높은 자존감을 갖기   86

눈물을 아끼지 않기   90

행복을 느끼기   94

기쁘게 배우기   98

너그럽게 용서하기   102

4.
나만의
철학을 세우는
인문학 단어

생명을 소중히 하기   108

호기심을 갖고 바라보기   112

보이지 않는 가치를 찾기   116

나만의 철학을 갖기   120

스스로 숙제하기   124

재능을 발견하기   128

최선을 다하기   132

세상을 정의하기   136

에필로그   근사한 나날을 소망하며   140

슬기로운
생각을 키우는
인문학 단어

지혜롭게 말하기

"지혜로운 사람은 조금 더 생각하고 말하지."
"상대방이 말할 땐 듣는 게 지혜로운 태도야."
"더 많이 듣고 덜 말하면, 더 많이 배울 수 있어."

지혜
나와 주변 세상을 아름답게 만들어 주는 힘

누구나 자기 생각을 먼저 말하고 싶죠.

그 간절한 마음 충분히 이해합니다.

나쁜 습관이나 못된 행동이 전혀 아닙니다.

하지만 지혜롭게 말하고 싶다면,

꼭 기억해야 할 것이 하나 있죠.

내가 말할 준비가 됐다고,

상대가 들을 준비가 된 것은 아니라는 사실입니다.

내가 내 생각을 말하고 싶은 것만큼,

상대방도 자기 생각을 말하고 싶다는 걸 잊지 말아요.

"각자 하고 싶은 말만 한다면 세상이 어떻게 될까요?"

"함께 이야기를 나누면 기분이 좋아지는 사람이 있나요?"

"그 사람은 나의 이야기를 어떤 자세로 들어 주나요?"

나는 지혜롭게 말하는 아이입니다.

서둘러 내 생각을 급하게 말하거나,

친구가 말하는 것을 억지로 끊지 않습니다.

말하기는 듣기부터 시작한다는

근사한 사실을 알고 있기 때문이죠.

먼저 말하고 싶다는 생각을 조금 참고

친구의 말을 정성껏 들으면

내가 말할 수 있는 순간이 선물처럼 찾아옵니다.

나는 그 빛나는 순간을 사랑합니다.

쓸모 찾기

"물건의 쓸모를 찾는 건 정말 소중한 일이야."
"우리는 어디에서든 쓸모를 찾을 수 있어."
"쓸모가 있으면 가치가 올라가지."

쓸모

누군가에게 도움이 되는 가치

사람들은 가끔 함부로 사물을 대합니다.

"저건 쓰레기야!"라고 말하는 것도 마찬가지죠.

쓰레기라는 단어는 그저 세상이 만든 표현일 뿐입니다.

그 물건의 가치는 내가 만들어 줄 수 있습니다.

쓸모없다고 생각해서 누군가 버린 구겨진 색종이로도

멋지게 하늘을 나는 종이비행기를 만들 수 있습니다.

쓰레기로 버려질 수도 있었지만,

적절한 쓸모를 찾은 덕분에

멋진 종이비행기로 다시 태어난 거죠.

"왜 사람들은 쓸 수 있는 물건을 버리는 걸까요?"

"쓸모없다고 모두 버리면 어떤 일이 일어날까요?"

"물건의 쓸모를 찾아 주는 사람이 되려면
어떻게 해야 할까요?"

나는 사물의 쓸모를 아는 아이입니다.

쉽게 무언가를 포기하지 않고 버리지도 않습니다.

그리고 사람도 마찬가지라는 사실을 알고 있습니다.

세상에 쓸모없는 사람은 없습니다.

아직 자신의 가치를 발견하지 못했을 뿐이죠.

오늘도 나는 그 가치를 찾습니다.

세상이 아닌 내 생각이 중요하기 때문에

사물에 쉽게 이름을 붙이지 않고 지켜봅니다.

새롭게 보면, 새롭게 태어날 테니까요.

가능성 열기

"가능하다고 생각하면 할 수 있지."
"가능성은 내가 스스로 결정하는 거야."
"할 수 있다고 생각하는 만큼 할 수 있어."

가능성
할 수 있다고 생각하면 마법처럼 커지는 힘

무언가를 시작하기 전에

먼저 포기하고 할 수 없다 생각하면

정말로 하지 못하게 됩니다.

자꾸만 불안한 마음이 생기기 때문이죠.

일단 시작해 보는 게 어떨까요?

표현도 바꿔 봐요.

"이건 내가 할 수 없어"가 아니라

"나는 할 수 있어"라고 말하면,

마법처럼 해낼 수 있는 방법을 찾을 거예요.

생각하기

"자꾸만 할 수 없다고 생각하는 이유는 뭘까요?"

"할 수 있다고 생각할 때와 할 수 없다고 생각할 때
기분이 어떻게 다른가요?"

"형이나 언니만 할 수 있던 걸 내가 해내면 기분이 어떨까요?"

낭독하기

세상 모든 일을 다 멋지게 해낼 수는 없습니다.

하지만 나는 할 수 있다는 희망을

처음부터 포기하지는 않습니다.

언제나 할 수 있는 방법을 찾고 있으니까요.

누구에게나 가능성이 있습니다.

가능성은 문을 여는 것과 같습니다.

문을 열어 가능성을 만나고 싶다면,

자신의 한계를 스스로 정하지 마세요.

방법만 찾으면 누구나 할 수 있답니다.

좋은 마음 갖기

"좋게 마음 먹으면 모든 게 다 좋아져."
"좋은 마음으로 다가가면 좋은 사람이 생기지."
"인사는 좋은 마음을 전하는 행동이야."

마음

소중한 사람에게 줄 수 있는 가장 귀한 것

글과 말로 내 마음을 전하는 건

참 어려운 일입니다.

그래서 우리는 자주 서로를 오해하죠.

하지만 진실한 마음은 오해를 허락하지 않습니다.

진실한 마음이란 거짓된 것이 없는 마음을 의미합니다.

내 안에 있는 것 중에서

가장 귀한 것을 상대방에게 준다고 생각하세요.

그럼 모든 오해가 풀릴 테니까요.

생각하기

"마음을 전하는 게 어려운 이유는 뭘까요?"

"마음을 전하려면 어떤 단어를 써야 할까요?"

"나는 친구에게 어떤 말을 들었을 때 마음이 따뜻해졌나요?"

낭독하기

들으면 기분 좋아지는 말을 해요.

그럼 내 곁에 있는 사람들 기분까지 좋아지니까요.

읽으면 행복해지는 글을 써요.

그런 글 하나에 우울한 마음도 사라지니까요.

언제나 좋은 생각만 해요.

그 생각이 곧 나의 미래가 되니까요.

아침에 일어날 때나, 새로운 일을 시작할 때마다

자신에게 이런 생각을 선물해 주세요.

나는 지금 최고의 하루를 보내고 있다.

나는 내가 생각한 대로 되고 있다.

생각하며 책 읽기

"많이 읽는 것보다 많이 생각하는 게 중요해."
"독서는 우리를 상상의 세계로 이끌어 주지."
"근사한 어른이 되려면 차분하게 책을 읽어야 해."

독서

책을 읽으며 마음과 생각이 예뻐지는 일

우리는 보통 책을 읽고 자신의 느낌을
한마디로 요약하려고 합니다.
급하게 지식을 쌓으려고 하죠.
하지만 책은 요약을 위해서 읽는 것이 아니라,
글자 하나하나를 천천히 읽고 느끼며
마음으로 받아들이기 위해 읽는 것입니다.
그러니 책 내용을 요약하거나 외우려고 하지 말고
마음속 깊이 담아 주세요.

생각하기

"책을 읽을 때 왜 집중하기 힘들까요?"

"읽은 것을 실천하려면 어떻게 해야 할까요?"

"책을 빨리 많이 읽는 게 과연 좋은 걸까요?"

낭독하기

"눈이 녹으면 봄이 옵니다."

누군가 쓴 이 멋진 글을 읽고

그저 대단하다고만 생각하지 말고

자신에게 이런 질문을 던져 보세요.

"봄을 알리는 것에는 또 무엇이 있을까?"

그럼 '벚꽃'을 떠올리며 이런 근사한 글을 쓸 수 있죠.

"벚꽃이 눈발처럼 날리면 봄이 옵니다."

어렵게 느껴지지만 생각보다 간단한 방법입니다.

독서할 때 자신에게 늘 이런 질문을 해 보세요.

"내가 작가라면 어떻게 표현할까?"

독서는 내 생각을 찾아내는 일입니다.

내가 먼저 믿어 주기

"누구보다 나 자신을 믿는 게 중요해."
"믿음은 한 사람을 살릴 수 있지."
"우리는 믿은 만큼 앞으로 나아갈 수 있어."

믿음

소중한 것을 서로 나눌 수 있을 만큼 의지하는 마음

누군가의 강한 믿음을 받고 싶다면

먼저 나부터 자신을 믿을 수 있는 사람이 되어야 합니다.

자신을 믿을 수 없는 사람은

누구에게도 믿음을 얻지 못할 테니까요.

그러니 매일 하루를 시작할 때

스스로 어떤 사람이 되고 싶은지 늘 생각하세요.

나는 무엇이든 스스로 할 수 있다는

멋진 사실을 믿는다면,

세상도 조금씩 여러분을 믿게 될 거예요.

"주변 사람들에게 믿음을 주려면 어떻게 해야 할까요?"

"믿음이 가지 않는 사람들의 특징은 뭘까요?"

"믿음을 주는 사람은 앞으로 어떤 인생을 살게 될까요?"

"믿었던 친구가 날 실망시켰어."

"내게도 좋은 친구가 많으면 좋겠어."

"저 친구는 주변에 좋은 친구가 많던데."

누구나 자기 주변에 좋은 사람이 많기를 바라죠.

그런데 왜 그런 바람은 현실로 잘 이루어지지 않을까요?

생각을 조금 바꾸면 그 바람을 이룰 수 있답니다.

좋은 친구가 오기를 바라지 말고,

내가 먼저 좋은 친구가 되는 거죠.

나는 누군가의 믿음을 바라기 전에

먼저 믿어 주는 사람이 되겠습니다.

미루지 않기

"우선순위를 정해야 미루지 않을 수 있어."
"자꾸 해야 할 일을 미루면 게으른 사람이 되지."
"하기 싫어도 꼭 해야 할 일이 있어."

미루다
정한 시간이나 날짜를 대충 나중으로 넘기는 습관

하기 싫은 일은 자꾸만 뒤로 미루고 싶고,

즐거운 일만 하고 싶다는 생각을 하나요?

누구나 마찬가지입니다.

하지만 모든 일에는 순서가 있습니다.

지금 하지 않으면 나중에는 더 하기 힘들어집니다.

그때 또 해야 할 일이 생기니까요.

음식을 먹은 후에는 반드시 양치질을 해야 하고

너무 늦지 않게 숙제도 해야 합니다.

당장 하기 싫다고 계속 미루다가

일이 많아지면 결국 대충대충 하게 되죠.

그래서 미루지 않아야 무엇이든 제대로 할 수 있습니다.

"지금 해야 할 일을 계속 미루면 어떤 일이 생길까요?"

"지금까지 미루다가 나중에 했던 일의 결과는 어땠나요?"

"안 좋은 결과를 알면서 계속 미루는 이유는 뭘까요?"

낭독하기

모든 사람의 하루에는 24시간이 있고
24시간은 1,000분이 넘습니다.

그러나 그 모든 사실보다 중요한 것은
시간마다 할 일이 있다는 것입니다.

시간을 잘 쓰는 방법은 매우 간단합니다.
해야 할 일을 지금 하는 것이
시간을 지혜롭게 활용하는 비결입니다.

나는 오늘 할 일을 내일로 미루지 않습니다.
미루는 사람에게는 후회만 남을 뿐이니까요.

긍정적인 마음을

뿌리내리는

인문학 단어

끝까지 마무리를 짓기

"맨날 시작만 하면 끝을 알 수 없어."
"우리 이번에는 끝까지 해 보자."
"일을 마무리하면 기분이 좋아져."

마무리

스스로 선택한 일을 끝까지 포기하지 않고 하는 것

처음 시작할 때는 흥미로운 일도

시간이 지나면 점점 지루해집니다.

다른 곳에 눈이 가서 그걸 하고 싶어지죠.

물론 호기심은 우리에게 참 좋은 점이 많습니다.

새로운 일을 시작하게 해 주는 힘이 되고요.

더 많은 것을 배울 수 있게 도와주죠.

그러나 호기심만으로는 어떤 일이든 완성되지 않습니다.

시작한 일을 끝까지 마무리해야

우리는 비로소 책임감이라는 것을 가질 수 있게 됩니다.

책임감을 느끼는 일이 많아진다는 것은 멋진 일이죠.

내가 할 수 있는 일이 많아졌다는 증거니까요.

생각하기

"무언가를 끝까지 해 본 적이 있나요?"

"지금까지 내가 했던 일 중 가장 멋진 일은 무엇인가요?"

"무언가를 만들다가 중간에 그만뒀을 때
결과가 어땠나요?"

나는 스스로 시작한 일을 끝까지 하겠습니다.

내가 시작한 일은 나만 끝낼 수 있으니까요.

사실 무언가를 계속하는 것은 참 힘들고

다른 곳에 자꾸만 눈이 가는 게 솔직한 마음이죠.

하지만 그 유혹을 뿌리치겠습니다.

그리고 나의 일에 모든 힘을 쏟아붓겠습니다.

내가 시작해서 끝까지 해낸 일에서만

나는 무언가를 배울 수 있으니까요.

그 힘과 지혜를 나는 굳게 믿습니다.

더 깊이 이해하기

"오래 생각하면 더 좋은 방법이 떠오를 거야."
"이해하려면 오랫동안 바라봐야 하지."
"깊이 생각하는 습관은 참 중요해."

이해
눈에 보이지 않는 부분까지도 알게 되는 것

생각 없이 눈에 보이는 것만 보면

마음으로 봐야 알 수 있는 부분을 놓치게 됩니다.

그럼 어떤 일이 일어날까요?

사물이 가진 가치를 제대로 발견하지 못합니다.

사다리를 보면 어떤 생각이 드나요?

"올라갈 때 필요한 것!"

맞아요, 보통은 그렇게 대답합니다.

하지만 사물에 대한 이해가 깊은 사람의 생각은 다릅니다.

"올라갈 때랑 내려올 때 필요한 것!"

사다리는 올라갈 때도 필요하지만,

내려올 때도 필요하니까요.

사람과 사물을 충분히 이해하면

이전에는 보이지 않았던 것이 보입니다.

생각하기

"사람들이 서로를 이해하지 못하는 이유는 뭘까요?"

"우리가 서로 더 깊이 이해하면 세상은 어떻게 바뀔까요?"

"생명이 없는 것까지도 이해하려면 어떻게 하면 될까요?"

낭독하기

무언가를 깊이 이해하려면

집중해서 귀를 기울여야 합니다.

별것 아니라고 생각해서

중요한 신호를 놓칠 수도 있기 때문이죠.

줄기 끝에 달린 화려한 꽃은 참 아름다워요.

하지만 땅속 깊이 잠든 뿌리까지 봐야

비로소 한 송이의 꽃 전부를 이해할 수 있습니다.

겉으로 보이는 향기와 색도 중요하지만,

속까지 볼 수 있어야 더 깊이 이해할 수 있으니까요.

멋지게 인내하기

"힘든 시간이 지나면 멋진 결과가 기다리고 있지."
"꾸준히 무언가를 한다는 건 참 대단한 거야."
"무엇이든 처음부터 잘하는 사람은 없어."

인내
근사한 결과를 꿈꾸며 견디는 힘

그림을 왜 생각처럼 멋지게 그리지 못하는 걸까요?

왜 책을 읽으면 자꾸만 지루해지는 걸까요?

우리는 모두 경험을 통해 잘 알고 있죠.

처음부터 빠르고 멋지게 그림을 그리거나,

책을 오랫동안 앉아서 읽을 수 있는 사람은 없습니다.

조금은 힘들어도 더 좋은 그림이 나올 때까지,

책을 충분히 이해할 때까지 인내한 시간이

우리에게 더 잘할 수 있는 힘을 줍니다.

전혀 어렵거나 불가능한 일이 아닙니다.

조금만 참고 힘을 내면 누구나 그런 능력을 가질 수 있죠.

생각하기

"멋진 그림이 나올 때까지 집중해서 그려 본 적이 있나요?"

"책 한 권을 다 읽으면 기분이 어떤가요?"

"무언가를 하다가 중간에 그만둔 것을 후회한 적이 있나요?"

낭독하기

무슨 일을 시작하더라도

그것을 오랫동안 인내할 수 없다면

그 일을 제대로 해내지 못할 가능성이 큽니다.

중간중간에 싫증이 나서 그만두거나,

다른 곳으로 발을 옮길 가능성이 커지기 때문이죠.

무언가를 시작하고 끝까지 해내는 것은

참 근사한 일입니다.

멈추지 않고 인내해야 할 가치를 발견했다는

사실을 보여 주기 때문입니다.

나는 늘 멋지게 끝까지 인내할 겁니다.

나쁜 평가에서 벗어나기

"다른 사람 말에 크게 신경 쓸 필요는 없어."
"우리는 서로에게 좋은 이야기만 들려주자."
"누가 나를 바보라고 해서 내가 바보가 되는 건 아니야."

벗어나다
어려운 일에서 빠져나오다

누구나 무언가 하나를 열심히 하다 보면

나쁜 소리도 듣게 됩니다.

그게 자꾸만 신경을 거슬리게 하죠.

"왜 그런 비난을 하는 거지?"

"나한테 어떤 문제가 있는 걸까?"

여기까지 생각하면 머리가 아프기 시작합니다.

그럴 땐 이런 질문을 던질 필요가 있습니다.

"그 사람은 왜 나를 나쁘게 평가하는 걸까?"

답은 간단하죠.

내가 선택한 일을 열심히 했기 때문입니다.

아무것도 하지 않으면 나쁜 소리를 들을 일도 없으니까요.

그런 상황을 해결할 가장 좋은 방법은 뭘까요?

내가 선택한 일을 더 열심히 해서,

나쁜 소리로부터 멀리 벗어나는 것입니다.

생각하기

"열심히 했는데 오해받으면 기분이 어떤가요?"

"친구를 나쁘게 말한 적이 있나요?"

"앞으로 이유 없는 비난을 받으면 어떻게 행동할 건가요?"

낭독하기

한 사람이 운동장에서 전력을 다해 뛰어가면

모래와 먼지가 사방으로 흩어집니다.

그때 나쁜 평가를 하는 사람들은 말하죠.

"왜 갑자기 뛰어서 먼지를 일으키는 거야!"

먼지는 뛰는 사람만 일으킬 수 있는 풍경입니다.

무언가를 했기 때문에 일어나는 일이죠.

꿈이 있어 무언가를 하는 사람은

세상의 나쁜 평가도 받게 됩니다.

하지만 멈추지 말아요.

먼지는 결국 가라앉아 사라지겠지만,

오랫동안 열심히 뛰어간 세월은

나를 배신하지 않고 든든한 버팀목이 되어 줄 테니까요.

적당한 때를 기다리기

"라면도 때를 기다렸다가 먹어야 맛있지."
"늘 지금 이게 꼭 필요한 것인가 생각해 봐야 해."
"서두르면 가장 나쁜 선택을 할 수 있단다."

기다리다
가장 적당한 때를 찾다

어른들도 무작정 무언가를 사거나,

더 놀고 싶다는 유혹에 넘어가곤 합니다.

갖고 싶은 것과 하고 싶은 건 참기 힘들죠.

그러나 모든 것에는 적절한 때가 있습니다.

계획을 세우고 차분하게 기다리는 건 어떨까요?

장난감 하나를 살 때도 생각해 보는 거죠.

"이게 정말 나한테 필요할까?"

"꼭 지금 사야 할까?"

그렇게 차분하게 마음을 다스리며 질문을 거듭하면,

당장 그걸 사지 않아도 괜찮다는 사실을 알게 됩니다.

생각하기

"무언가를 서둘러서 샀다가 후회한 적이 있나요?"

"만약 더 좋은 때를 기다렸다면 결과가 어땠을까요?"

"왜 모든 일에는 때가 있는 걸까요?"

낭독하기

원하는 것을 당장 가지려는 마음은

결코 못되거나 나쁜 것이 아닙니다.

원하는 것을 바로 갖고 싶은 것이

인간의 본능이기 때문이죠.

하지만 본능을 누르고 조용히 때를 기다리며

적절한 순간이 올 때까지 기다리는 것은

인간이 스스로 쟁취한 교양이죠.

나는 조금 더 빛나는 가치를 찾고 싶습니다.

그래서 늘 더 좋은 때를 기다립니다.

그게 바로 교양의 가치를 아는 사람의 모습이니까요.

행복하게 소유하기

"너무 많이 가지면 잃어버릴까 봐 불안해져."
"가진 것에 만족하면 행복해지지."
"필요한 만큼 가지는 게 행복이야."

소유
내가 가지고 있는 물건

누구나 더 많이 갖기를 원하죠.

우리는 돈도 맛있는 음식도

많이 가질수록 행복할 것 같다고 생각합니다.

왜 어떤 친구들은 많은 옷과 장난감을 가졌는데도

만족할 줄 모르고 부족하다고 생각할까요?

그걸 제대로 즐기지 못하기 때문입니다.

먼저 하나를 제대로 즐길 줄 알아야

많은 것이 주어졌을 때도

멋지게 활용할 수 있는 힘이 생깁니다.

생각하기

"장난감 선물을 많이 받았을 때 기분이 어땠나요?"

"그 좋은 기분이 얼마나 오랫동안 이어졌나요?"

"더 많이 가질수록 더 행복해지는 걸까요?"

욕심을 내서 처음부터 많은 것을 가지면

그걸 제대로 활용하기 힘듭니다.

가진 것을 제대로 쓸 수 없어 기분도 나빠지죠.

작은 것부터 제대로 즐길 줄 아는 사람이

조금씩 더 큰 것을 꿈꾸며

보람을 느낄 수 있습니다.

행복은 숫자가 아닌 마음에 달려 있습니다.

하나를 가져도 그걸 소중하게 생각한다면,

그 하나로 나는 행복할 수 있습니다.

내가 가진 모든 것은

언제나 나를 행복하게 해 줍니다.

진실로 공감하기

"다른 친구들 마음도 한번 생각해 보자."
"공감하면 더 행복해져."
"차분하게 생각하면 다른 친구들과 좀 더 공감할 수 있지."

공감

상대방의 마음을 완전히 이해하는 것

공감은 원래 참 어려운 일입니다.

내 생각과 다른 것을 받아들여야 하기 때문이죠.

하지만 이렇게 생각하면 조금은 쉬워집니다.

좁은 산길을 오르다 보면

간혹 나뭇가지에 긁혀 아플 때가 있죠.

그럴 때 우리는 보통 자기 아픔만 생각합니다.

그러나 이렇게 생각을 바꾸면

나뭇가지의 마음에 공감할 수 있답니다.

"나는 잠시 지나가며 한 번 스치면 되지만,

이 나무는 죽을 때까지 지나가는 사람들 때문에 아프겠네."

그럼 혼자 외롭게 아파했던 나무의 마음에 공감하게 됩니다.

생각하기

"친구의 말에 공감하기 힘들 때 어떻게 하면 좋을까요?"

"내 주변에 산길의 나뭇가지 같은 존재가 있나요?"

"그런 존재가 있다면 무슨 말을 들려주고 싶은가요?"

많은 것을 안다고 해서

더 깊이 공감할 수 있는 것은 아닙니다.

오랫동안 사귄 친구를 잘 알아도

친구의 말에 공감하지 못할 때가 있으니까요.

중요한 사실은 '다르다'와 '틀리다'를 구분하는 것입니다.

아무리 풍부한 지식을 갖고 있어도

'틀리다'라는 시선으로 바라보는 사람에게는

공감이라는 특별한 선물이 주어지지 않습니다.

"넌 틀렸어"가 아니라

"넌 나와 다르구나"하고 생각하면,

우리는 모든 사람에게 공감할 수 있습니다.

현명하게 실수하기

"실수는 다시 한번 도전하라는 신호야."
"실수해도 괜찮아, 언젠가 잘할 수 있는 날이 오거든."
"자꾸 실수하는 이유는 더 잘하고 싶어서란다."

실수

반복할수록 성공에 가까워지는 과정

실수와 현명하다는 표현이

잘 어울리지 않는 것처럼 느껴지죠.

하지만 그렇지 않습니다.

우리의 실수가 위대한 이유는

실수를 통해 조금 더 나아지기 때문입니다.

더 많은 실수가 모여서

우리는 어제보다 조금 더 현명해집니다.

"다음에는 조금 더 조심하자."

"이 부분은 이렇게 하는 게 좋겠다."

좋은 실수는 이렇게 우리를 나아지게 합니다.

실수는 지혜의 신이 여러분에게만 들려주는

아름다운 속삭임입니다.

"우리는 왜 같은 실수를 반복하는 걸까요?"

"예전보다 지금 나아진 부분이 있을까요?"

"나는 앞으로 어떤 실수를 줄이고 싶나요?"

낭독하기

우리는 누구나 매일 실수하며 살고 있습니다.

실수를 '잘못된 일'이 아니라

'더 나아질 기회'로 바라보세요.

매일 실수하는 이유는

매일 더 나아지기 위함이죠.

자꾸만 실수를 잘못된 일이라고 생각하면

결국 그 사람의 단점이 됩니다.

지적하지 말고 함께 고치려고 하면,

실수를 통해 귀한 가치를 얻을 수 있습니다.

훌륭한

태도를 만드는

인문학 단어

환하게 사랑하기

"사랑하면 무엇이든 예쁘게 보이지."
"가장 좋은 것을 주려는 마음이 바로 사랑이야."
"사랑하면 그 순간 소중한 존재가 된단다."

사랑
서로에게 가장 소중한 것만 주려는 마음

길에서 고양이에게 먹이를 주고

집에 돌아와 손을 씻으며

우리는 청결에 대해서 알게 됩니다.

하지만 반대로 고양이에게 먹이를 주기 위해

나가기 전에 손을 깨끗이 씻는다면

우리는 사랑이 무엇인지 알게 됩니다.

손을 씻는 건 같지만,

고양이가 더러워서 씻는 것과

깨끗한 손으로 고양이를 만지려고 씻는 것은

전혀 다른 마음에서 나온 행동이기 때문이죠.

그렇게 같은 일도 사랑하면 다르게 생각하게 됩니다.

무언가를 환하게 사랑한다는 것은

상대를 먼저 생각하고 배려하는 것에서 출발합니다.

생각하기

"세상에서 가장 사랑하는 사람이 누구인가요?"

"그 사람에게 무엇을 주고 싶나요?"

"사랑을 줄 때 행복한가요, 받을 때 행복한가요?"

낭독하기

어떤 멋진 종도 혼자 소리를 낼 수는 없습니다.

누군가 흔들거나 강하게 때리지 않으면

작은 소리도 나지 않죠.

사랑도 종이 울리는 원리와 같습니다.

서로를 알아보고 조금씩 다가가

상대를 안아 주는 일이죠.

어쩌면 종이 자신의 소리를 내는 것은

사랑의 기쁨을 표현한 것일지도 모릅니다.

우리는 누군가를 사랑하면서

인생을 환하게 빛낼 수 있습니다.

아름답게 공존하기

"서로 힘을 합치면 더 멀리 갈 수 있어."
"태양이 있어서 별도 아름다운 거야."
"단점이 있어서 장점이 더욱 빛나는 거란다."

어떤 근사한 창문도

혼자 서 있을 수는 없습니다.

반드시 벽이라는 존재가 있어야

창문도 자신의 자리를 찾을 수 있죠.

여기에는 두 가지의 관점이 있습니다.

창문에게 벽은 고마운 존재이지만,

벽에게 창문은 자기 몸에 상처를 낸 아픈 존재죠.

이렇듯 모든 상황에는 각자의 입장이 존재합니다.

하지만 만약 벽이 이렇게 생각할 수 있다면

벽과 창문은 더 아름답게 공존할 수 있죠.

"창문이 내 몸에 상처를 내긴 했지만,

그래도 창문이 있어서 나도 밖을 볼 수 있네."

싸우지 않고 서로 도와서 함께 산다면,

인생은 언제나 좋은 향기만 전해 줍니다.

"세상에 단점만 있는 사람이 있을까요?"

"어떤 사람의 단점만 보이는 이유는 뭘까요?"

"서로 힘을 합해서 공존하려면 어떻게 해야 할까요?"

낭독하기

김치는 맵고 짜거나 시큼한 맛에 먹는 음식입니다.

집중하지 않으면 그 안에 은은하게 퍼지는

단맛을 잘 느끼지 못합니다.

노래를 들을 때 가수의 고음에만 환호하고

악기의 소리를 못 듣는 것처럼 말이죠.

하지만 김치는 단맛이 있어 조화를 이루고

음악도 잔잔하게 깔리는 악기 연주가 있어 아름답습니다.

이처럼 세상에는 보이지 않지만

많은 것들이 공존하며

아름다움을 만들어 냅니다.

높은 자존감을 갖기

"내가 나를 믿으면 무엇이든 할 수 있지."
"고개를 들고 당당하게 걷는 거야."
"자존감이 높은 사람은 쉽게 흔들리지 않아."

자존감

어떤 경우에도 흔들리지 않고 자신을 믿는 강한 의지

자존감이 흔들리면 삶도 흔들리죠.

높은 자존감을 갖고 살기 위해서

우리는 '자신감'과 '자존감'을 구분할 필요가 있습니다.

시험에서 좋은 점수를 받으면 자신감이 생기죠.

그러나 반대로 다음 시험에서 점수가 떨어지면

높아졌던 자신감은 순식간에 낮아집니다.

자신감은 세상이 정한 기준에서 잘할 때 생기는 것입니다.

하지만 자존감은 주변 상황에 따라 달라지지 않습니다.

점수보다는 시험을 준비하며 노력한 자신에게

스스로 주는 선물이기 때문이죠.

그래서 누구도 넘보거나 빼앗을 수 없습니다.

"시험을 보고 결과가 좋지 않을 때 기분이 어떤가요?"

"열심히 노력한 일에서 만족스러운 결과가 나오지 않으면
기분이 나쁜가요?"

"결과가 아니라 노력한 과정을 떠올리면 어떤 생각이 드나요?"

달걀은 연약합니다.

깨지거나 상하기 쉽기 때문이죠.

달걀을 지키기 위해 우리는 많은 신경을 씁니다.

예쁘게 포장하고 깨지지 않게 할 방법을 생각하죠.

우리의 내면도 달걀과 같습니다.

섬세하게 다루지 않으면 빠르게 상처를 입어

자칫하면 망가질 수 있기 때문이죠.

하지만 내가 나를 아끼고 사랑하면

나는 언제든 나 자신을 당당하게

세상에 보여 줄 수 있습니다.

나는 내 안에 존재하는 모든 것을 믿습니다.

눈물을 아끼지 않기

"너무 슬플 때는 울어도 괜찮아."
"때로는 정말 기뻐서 나오는 눈물도 있지."
"순수한 사람의 눈물은 무지개처럼 아름다워."

눈물

세상에는 참 특별한 물이 있습니다.

모든 물이 다 오염되고 말라도

마지막까지 사라지지 않고

우리를 지켜 주는 물이죠.

그것은 바로 우리 안에 있는 눈물입니다.

누군가의 아픔을 바라보며 흘리는 눈물과

소중한 사람의 행복을 빌며 흘리는 눈물은

보석처럼 빛나고 참 소중합니다.

비가 지나간 자리에 무지개가 나타나듯

눈물이 지나간 자리에도

자신만 볼 수 있는 무지개가 나타나죠.

자신의 감정과 마음을 소중하게 생각하세요.

그건 여러분에게 주어진 무지개를 지키는 일입니다.

"우리는 왜 눈물을 흘리는 걸까요?"

"힘든 사람을 보면 왜 눈물이 나는 걸까요?"

"나는 최근에 언제 마지막으로 울었나요?"

낭독하기

누군가를 위해 눈물을 흘린다는 것은

그 사람의 슬픔과 고통에 진심으로 공감하여

위로의 마음을 전하는 일입니다.

눈물이 많은 건 약하거나 흉볼 일이 아닙니다.

타인의 아픔을 나의 아픔처럼 생각하는

예쁜 마음을 가지고 있다는 증거니까요.

내가 흘리는 모든 눈물은 아름답습니다.

그 안에 사람을 사랑하는 마음이 담겨 있기 때문이죠.

행복을 느끼기

"행복한 사람은 보기만 해도 느껴져, 늘 웃고 있으니까."
"늘 좋은 생각을 하면 행복한 일만 생기지."
"행복은 자신을 부르는 사람의 품에 안기는 선물이야."

행복

스스로 충분히 만족하고 기쁨을 느끼는 것

"가장 강하고 폭력적인 증오는

언제나 문화 수준이 가장 낮은 곳에서 나타난다."

대문호 괴테의 말입니다.

그의 말이 어렵게 느껴질 수 있지만,

이렇게 생각하면 쉽게 이해할 수 있습니다.

"스스로 무엇을 해야 하는지,

그 이유를 분명히 아는 사람은 행복하다.

그는 자신에게 최고의 문화를 선물했기 때문이다."

행복하다는 것은 무엇을 해야 하는지

분명히 알고 있다는 증거죠.

아무리 힘이 들어도 힘이 드는 줄도 모르고

기쁘게 그 일을 할 테니까요.

생각하기

"늘 행복한 사람에게는 어떤 비결이 있을까요?"

"주변 사람들을 자꾸 괴롭히는 친구는
왜 그런 행동을 하는 걸까요?"

"나의 생각하는 수준을 끌어올리려면
어떤 마음으로 살아야 할까요?"

나는 늘 행복합니다.

행복은 어떤 좋은 일이 생겨서 얻는 게 아니라

부르면 만날 수 있는 마음의 주문이기 때문이죠.

그래서 갑자기 힘든 순간이 찾아와도

나는 행복 안에서 살아갈 수 있습니다.

앞서 괴테가 말한 것처럼

행복이 최고의 지성입니다.

나는 나의 문화 수준을 끌어올릴 행복을

놓치지 않고 평생 예쁘게 안고 살아갈 겁니다.

기쁘게 배우기

"몰라서 얼마나 좋아, 이제 알 수 있으니까."
"매일 배우면 매일 크는 사람이 될 수 있어."
"스스로 공부하는 사람은 더 많은 것을 알 수 있어."

배움

새로운 것을 경험하고 깨닫는 기쁨

상을 받기 위해 무언가를 공부하는 것은

진짜 공부라고 말하기 힘듭니다.

자꾸 받고 싶은 상만 생각하느라

정작 공부하려는 대상은

마음에서 떠난 상태라서 그렇습니다.

선생님이나 부모님이 볼 때만 공부하는 척을 한다면

무슨 소용이 있을까요?

공부는 스스로 시작해서 스스로 끝내야 합니다.

그래야 창의적인 질문을 할 수 있고,

과정을 모두 자신의 것으로 만들 수 있죠.

생각하기

"누가 시켜서 공부할 때 내 기분은 어떤가요?"

"스스로 원해서 무언가를 배울 때 내 마음은 어떤가요?"

"칭찬과 상을 받기 위해서 공부하면 나중에 어떻게 될까요?"

낭독하기

나는 누가 시켜서 하는 공부는 하지 않습니다.

그런 공부는 괴롭기 때문이죠.

스스로 왜 공부를 해야 하는지 찾겠습니다.

흥미를 느끼면 저절로 웃으며 배울 수 있으니까요.

나는 상이나 칭찬받기 위해서

책상에 앉아 공부하는 것이 아닙니다.

이렇게 앉아서 무언가 하나를 바라보고

거기에서 무언가를 얻기 위해서 공부합니다.

그 시간은 무엇과도 바꿀 수 없습니다.

나를 행복하게 하는 시간이니까요.

너그럽게 용서하기

"마음이 넓은 사람은 늘 먼저 용서하지."
"용서하면 마음도 편해진단다."
"잘못했을 때는 진심을 담아 사과해야 해."

용서
다른 사람에게 줄 수 있는 가장 따뜻한 마음

중국 고대의 사상가 공자는 이렇게 말했죠.

"상처는 잊어라, 그러나 은혜는 절대 잊지 말라."

최선을 다해 용서하며 살라는 의미입니다.

물론 살다 보면 미운 사람도 생기고,

실패의 고통도 겪게 될 것입니다.

그래도 좋은 마음으로 누군가를 먼저 용서해 보세요.

삶의 골목에서 만나는 모든 사람을 안아 주고,

따뜻하게 손을 잡아 주세요.

그 순간에는 손해 보는 느낌이 들겠지만,

우리는 용서한 만큼 아름다워질 수 있습니다.

그렇게 서로가 이해하는 만큼 따뜻해지고 빛나게 됩니다.

"누군가 내 잘못을 용서할 때 어떤 기분이 드나요?"

"용서하는 게 힘든 이유는 뭘까요?"

"친구를 용서하려면 어떤 마음을 가져야 할까요?"

낭독하기

다양한 결점을 가진 사람들이 사는 세상에서
시기와 불평이 없을 수는 없습니다.

그런데도 여전히 우리 곁에 희망이 있는 이유는
신이 우리에게 '용서'라는 단어를 선물했기 때문입니다.

나는 오늘도 이해하고 용서할 것입니다.
세상의 모든 것들이 그 모습 그대로
아름다운 것임을 알고 있으니까요.

어두운 말과 생각이 나를 괴롭혀도
가장 밝은 마음을 선택하겠습니다.
나는 빛나기 위해 태어났으니까요.

나만의
철학을 세우는
인문학 단어

생명을 소중히 하기

"나무에 이름을 붙여 주면 그 순간부터 소중해진단다."
"자연을 바라보면 마음이 편안해지지."
"흙을 뚫고 올라오는 새싹은 참 대단해."

생명
무한한 잠재력을 가진 존재

과학자 뉴턴은 사과가 나무에서 떨어지는 모습을 보며

만유인력의 법칙을 발견했다고 합니다.

그러나 더욱 중요한 사실은 따로 있습니다.

"사과는 어떻게 저렇게 높은 곳까지 올라간 걸까?"

과학이 아닌 생명의 관점에서 생각한 것이죠.

사과가 거기까지 올라가지 못했다면,

떨어질 일도 없었을 것입니다.

어두운 땅속에 잠들어 있던

작고 연약한 씨앗을 상상해 보세요.

끝없이 땅으로 끌어당기는 힘을 이겨 내고

결국 저 높은 곳까지 하루하루 조금씩 올라가

근사하게 빛나는 빨간 사과를 보며

우리는 생명의 위대한 힘을 깨닫게 됩니다.

생각하기

"사과도 생명일까요?"

"그렇게 생각한 이유는 무엇인가요?"

"세상의 모든 것들이 살아 있다고 생각하면
어떤 일이 일어날까요?"

낭독하기

나는 생명을 소중하게 생각합니다.

주변 모든 것들을 살아 있다고 생각하며

소중한 시선으로 바라봅니다.

세상에는 새로운 것을 만드는 창조자가 있고

그것을 사용하는 소비자도 있습니다.

소비자로만 남고 싶다면

사과가 땅에 떨어지는 모습을 보고,

창조자의 삶을 살고 싶다면

사과가 땅에서 올라가는 모습을 보면 됩니다.

힘든 환경을 이겨 내고 생명이 성장하는 과정에

모든 창조의 비결이 숨어 있으니까요.

호기심을 갖고 바라보기

"세상에 틀린 생각은 없어."
"호기심을 갖고 바라보면 새로운 것들이 보이지."
"너만 할 수 있는 생각이라 더 멋진 거야."

호기심
보이지 않는 세상을 꿈꾸는 힘

호기심은 매우 특별한 힘입니다.

그런데 왜 우리는 호기심이 중요하다는 사실을

잘 알고 있으면서도 갖지 못하는 걸까요?

"호기심이 생긴다"라는 말에는

"무엇인지 모른다"라는 의미가 녹아 있습니다.

같은 공간에서도 남다른 호기심을 통해

아무도 생각하지 못한 것을 발견하는 사람이 있죠.

그렇게 되기 위해서는 "나는 모른다"라는 마음으로

주변을 섬세하게 살펴봐야 합니다.

안다고 생각하면 새로운 것이 보이지 않으니까요.

생각하기

"호기심이 없는 사람에게는 어떤 특징이 있을까요?"

"호기심을 가지려면 어떻게 해야 할까요?"

"요즘 가장 나의 호기심을 자극하는 건 뭘까요?"

낭독하기

"호기심이 뭐가 중요해?"

이렇게 질문할 수도 있습니다.

지식을 쌓는 것과 상관이 없다고 생각해서 그렇죠.

사람들은 가끔 순서를 착각해서 실수합니다.

남에게 없는 특별한 지식을 가지고 있어야

호기심이 생긴다고 생각합니다.

하지만 순서가 바뀌었습니다.

지식을 가지려면 호기심부터 가져야 하니까요.

'나는 모른다'라는 생각을 품고

호기심 가득한 눈으로 모든 것을 바라보면

다른 사람 눈에는 보이지 않는 것을 찾을 수 있습니다.

보이지 않는 가치를 찾기

"책이 더럽다고 가치가 없는 건 아니지."
"진짜 중요한 건 포장지 안에 들어 있는 거란다."
"중고품이라고 가치가 없는 건 아니야."

가치

포장지 안에 숨어 있는 빛나는 보석

우리는 보통 서점에서 책을 고를 때

상처가 없이 가장 깨끗한 것을 찾으려고 합니다.

조금만 상처가 있거나 접혀 있으면 다른 것을 찾죠.

이유가 뭘까요?

포장지에 연연하기 때문입니다.

우리가 원하는 것은 포장지인가요,

아니면 그 안에 쓰여 있는 글자인가요?

진정한 가치를 찾고 싶다면

자꾸만 포장지 안을 보려고 시도해야 합니다.

보석은 보이지 않는 곳에서 빛나고 있습니다.

생각하기

"책이 낡았다고 내용도 낡았을까요?"

"사람의 가치는 어디에 있을까요?"

"그 가치를 높이기 위해 나는 무엇을 하고 있나요?"

낭독하기

나는 서점에서 책을 고를 때

가장 많이 상처 입은 책을 고릅니다.

보기에 깨끗한 책은 얼마든지

다른 사람의 선택을 받을 테니까요.

나에게 중요한 것은 겉모습이 아닌

안에 있는 내용입니다.

그러니 깨끗한 책은 얼마든지

다른 사람에게 양보할 수 있죠.

가장 중요한 가치가 무엇인지 아는 사람은

보이는 것에 연연하지 않습니다.

나만의 철학을 갖기

"매일 반복해서 생각한 것이 결국 나를 만들지."
"생각이 분명한 사람은 잘 흔들리지 않아."
"계획을 세우면 더 값진 하루를 보낼 수 있어."

철학
나의 마음을 단단하게 만드는 것

철학은 모든 사람에게 필요합니다.

하루를 대하는 태도가 되기 때문이죠.

어렵게 생각하지 않아도 됩니다.

"나는 오늘 하루를 어떤 마음으로 살 것인가?"

"내게 중요한 가치는 무엇인가?"

"포기할 수 없는 나의 꿈은 무엇인가?"

이렇게 세 가지의 질문에 나온 답이

하루를 대하는 나의 철학입니다.

그 철학을 종이에 써서 매일 읽어 보세요.

언어가 가진 힘이 여러분의 일상에 녹아들어

더욱 근사한 사람이 될 수 있게 도와줄 테니까요.

생각하기

"사는 게 지루하다는 생각을 한 적이 있나요?"

"왜 그런 생각이 들었던 걸까요?"

"철학이 있는 사람은 어떻게 살아갈까요?"

낭독하기

나의 하루는 다른 사람의 판단이나

기준에 의해 결정되지 않습니다.

나만의 철학이 있기 때문이죠.

인간과 침팬지의 DNA는 놀랍게도 98.5% 이상 유사합니다.

거꾸로 표현하면 더 충격적입니다.

"인간과 침팬지는 겨우 1.5%만 다를 뿐이다."

다른 동물과 인간을 구분할 수 있게 만드는 것은

바로 하루를 대하는 철학에 있습니다.

그래서 나는 늘 자신에게 묻습니다.

"나는 지금 무엇을 해야 할까?"

"무엇을 사랑하고 귀하게 생각해야 할까?"

그 질문이 나만의 철학이 되어

하루를 더욱 소중하게 만듭니다.

스스로 숙제하기

"숙제를 하면 몰랐던 것을 알게 되지."
"모자란 것이 있으면 채우면 되는 거야."
"우리는 모두 꼭 해야 할 것들을 하면서 살아."

숙제
하고 나면 어제보다 나은 오늘이 되는 뿌듯한 일

어른들은 늘 자신이 하고 싶은 것만 하면서
편안하게 산다고 생각하나요?
게임을 마음대로 하고
보고 싶은 방송도 실컷 보니 참 부럽기만 하죠.
하지만 이 사실을 알아야 합니다.
어른들도 각자 매일 숙제를 합니다.
새벽에 일어나 동네를 한 바퀴 달리는 것도
어제보다 나은 몸을 만들기 위한 숙제이며,
가족이 식사를 할 수 있게 요리하는 것도
어제보다 멋진 하루를 보내기 위한 숙제입니다.
숙제는 누가 시켜서 억지로 하는 것이 아닙니다.
하루하루 나아지기 위해서 스스로 선택한 일이죠.

생각하기

"숙제를 하지 않으면 어떤 일이 생길까요?"

"내가 정말 하고 싶은 숙제가 있나요?"

"그 숙제를 하고 싶은 이유는 무엇인가요?"

나는 내게 주어진 숙제를 기쁜 마음으로 합니다.

억지로 하는 것이 아닌 필요해서 한다는 사실을

이제는 잘 알고 있기 때문이죠.

나는 혼자 숙제를 하고 나서

내일을 위해 책가방 정리까지 마치고 잠에 듭니다.

그 모든 과정이 힘들거나 지루하지는 않습니다.

어제보다 나은 내일을 위한 일이니까요.

숙제는 나를 가로막는 장애물이 아니라,

나를 더 크게 성장하게 돕는 디딤돌입니다.

재능을 발견하기

"우리는 모두 귀한 재능을 갖고 있어."
"남과 달라서 빛나는 거야."
"평범한 것도 특별하게 보면 특별해지지."

보석이란 무엇일까요?

반짝반짝 빛나고 비싼 값에 팔리는

루비나 다이아몬드를 말하는 걸까요?

다이아몬드는 땅속에 묻혀 있습니다.

그걸 꺼내지 않고 그대로 두면

다른 돌과 별로 다를 게 없죠.

그러나 그걸 알아보고 꺼낸 사람이 있어

없던 가치가 생기는 것이죠.

다이아몬드 자체가 귀한 게 아니라,

그걸 알아보고 땅 밖으로 나오게 한 누군가의 노력이

보석보다 귀한 가치가 있는 것입니다.

재능도 마찬가지입니다.

누구에게나 보석처럼 숨어 있는 재능이 있습니다.

생각하기

"나는 무엇을 할 때 가장 행복한가요?"

"나만 갖고 있는 특별한 재능은 뭘까요?"

"어떻게 하면 그 재능을 꺼낼 수 있을까요?"

낭독하기

어떤 것의 가치는 그걸 바라보는

사람의 마음이 결정합니다.

알아보지 못하면

빛나는 가치를 발견하지 못하니까요.

누구나 자기 안에

보석처럼 빛나는 재능을 갖고 있습니다.

다만 자주 그리고 깊이 생각한 적이 없을 뿐이죠.

아직 꺼내지 못했을 뿐,

나는 내가 가진 재능을 믿습니다.

오늘도 내일도 계속 생각하면서

내 안에 잠든 재능을 멋지게 꺼내어

언젠가는 꼭 세상 밖에 보여 줄 것입니다.

최선을 다하기

"최선을 다하는 태도는 매우 중요해."
"결과도 중요하지만 과정은 더욱 중요하단다."
"오늘 최선을 다하면 내일이 달라질 거야."

최선

내가 할 수 있는 모든 노력을 다하는 일

철학자 스피노자는 말했죠.

"비록 내일 지구의 종말이 온다 하여도,

나는 오늘 한 그루의 사과나무를 심겠다."

이게 과연 무슨 말일까요?

내일을 걱정하지 말고 오늘 최선을 다하라는 말입니다.

내일을 멋지게 살기 위한 가장 완벽한 준비는

바로 오늘 최선을 다하는 것입니다.

오늘 내가 할 수 있는 최선을 다하면

내가 가진 모든 능력이 더 좋아져서,

내일 멋진 결과가 선물처럼 찾아올 테니까요.

생각하기

"나는 무언가에 최선을 다해 본 적이 있나요?"

"최선을 다하지 못했을 때 기분이 어땠나요?"

"작은 일에도 최선을 다하는 친구를 보면 어떤 생각이 드나요?"

아무리 힘든 일이 생겨도

오늘 최선을 다한 사람은 불안하지 않습니다.

우리가 느끼는 오늘의 불안은

아직 일어나지 않은 내일의 일을

미리 걱정해서 일어나는 거니까요.

나는 바로 오늘 지금,

이 순간 할 일에 최선을 다합니다.

잘하는 것은 그리 중요하지 않습니다.

나는 내가 걸어간 시간을 믿습니다.

나는 최선을 다하는 나를 사랑합니다.

세상을 정의하기

"세상에 정해진 정답은 없어."
"내가 생각하는 정답은 다를 수 있지."
"스스로 생각해 보는 게 가장 중요해."

정의
어떤 것이 가진 진정한 의미

세상에는 수많은 단어가 있습니다.

'도와주다'라는 말은 지금 힘들거나

곤경에 처한 사람에게 힘을 준다는 의미죠.

그러나 그건 어디까지나 세상이 만든 정의입니다.

여기까지 책을 열심히 읽었다면

이제 모두 잘 알고 있겠지만,

세상에는 무조건 좋은 것도

무조건 나쁜 것도 없습니다.

그래서 흔들리지 않고 살기 위해서는

우리가 자주 사용하는 단어를 스스로 정의해서

중심을 잡는 것이 중요합니다.

생각하기

"친구들은 좋다고 하지만 나는 싫은 게 있나요?"

"나는 정말 좋지만 부모님들이 싫다고 말하는 게 있나요?"

"왜 사람들은 같은 것을 보며 서로 다르게 생각할까요?"

낭독하기

어른들이 아이들에게

어떤 것을 좋다고 가르치면

나머지는 모두 나쁜 것이 됩니다.

마찬가지로 어떤 것을 아름답다고 가르치면

나머지는 모두 못생긴 것이 되지요.

그래서 나는 내가 좋아하는 것들을

스스로 정의하고 스스로 배웁니다.

쉬운 일도 아니고 때론 귀찮기도 합니다.

그러나 멈추지 않고 계속할 생각입니다.

내가 살아갈 세상에서 만날 소중한 것들이니까요.

근사한 나날을 소망하며

지금부터 정말 중요한 이야기를 전할 테니까
꼭 마음에 담겠다는 생각으로 읽어 주세요.
주변을 보면 불행과 고통이
따라다니는 것처럼,
늘 불행한 소식만 가득 들려오는 사람이 있죠?
한번 생각해 보세요.
그들의 공통점이 뭘까요?

늘 주변 사람들의 단점만 바라보며
그들의 말과 행동을 비난했다는 것입니다.
사람은 보고 들은 대로 됩니다.
늘 비난만 하는 사람은 결국 비난받는 사람이 되고,
반대로 좋은 것만 말하는 사람은

필
로
그

언제나 좋은 소식만 가득한 사람이 됩니다.

여러분은 어떤 사람이 되고 싶나요?

흠집만 잡는 사람은

흠집이 가득한 인생을 살고,

칭찬을 자주 하는 사람은

칭찬이 가득한 인생을 살게 됩니다.

이건 벗어날 수 없는 하나의 법칙입니다.

우리의 머리에서 나오는 생각과

입에서 나오는 말의 힘은 매우 강력합니다.

그건 거의 마법의 주문이라고 부를 수 있을 정도죠.

이 책을 모두 읽기 위해서 시간이 얼마나 걸렸나요?

그럼 혹시 반대로

이런 생각을 해 본 적이 있을까요?

"한 권의 책을 쓰는 데 어느 정도의 시간이 필요할까?"

작가마다 다르겠지만,

저는 이 책을 읽는 여러분의 시간을 정말 소중하게 생각하기에

책의 탄생을 위해 2년 이상의 긴 시간을 바쳤답니다.

이유는 간단해요.

앞에서 말한 것처럼 단어를 정의하고,

말과 글을 근사하게 사용하는 건

우리 아이의 인생에서 매우 중요하기 때문입니다.

그래서 이 책을 읽을 아이와 부모님의 얼굴을 떠올리며

2년 내내 깊은 생각에 잠겨서

치열하게 글을 쓰며 살았습니다.

드디어 그렇게 오랜 시간을 들여 찾아낸
귀한 마지막 말을 전합니다.
이 말을 오래오래 기억해 주세요.

"우리의 입에서 나온 말이 모여서
앞으로 우리가 살아갈 정원이 만들어집니다.
더 따뜻하고 아름다운 내일을 원한다면,
우리 자신과 가족, 친구 등 주변 사람들에게
어제보다 더 예쁜 말을 들려주면 됩니다."

이 책을 읽을 여러분의 내일이
오늘보다 더 근사하게 빛나길 바랍니다.

엄마랑 아이랑 나란히 앉아 읽는
우리 아이 첫 인문학 사전

1판 1쇄 발행 2023년 7월 19일
1판 4쇄 발행 2023년 10월 11일

지은이 김종원
펴낸이 고병욱

기획편집실장 윤현주 **책임편집** 김지수 **기획편집** 조상희
마케팅 이일권 함석영 복다은 임지현
디자인 공희 진미나 백은주
제작 김기창 **관리** 주동은 **총무** 노재경 송민진

일러스트 홍유경

펴낸곳 청림출판(주)
등록 제1989-000026호

본사 06048 서울시 강남구 도산대로 38길 11 청림출판(주) (논현동 63)
제2사옥 10881 경기도 파주시 회동길 173 청림아트스페이스 (문발동 518-6)
전화 02-546-4341 **팩스** 02-546-8053
홈페이지 www.chungrim.com **이메일** life@chungrim.com
블로그 blog.naver.com/chungrimlife **페이스북** www.facebook.com/chungrimlife

ⓒ 김종원, 2023

ISBN 979-11-981614-2-0 (03590)